Mis primeros libros de ciencia

LA CADENA ALIMENTICIA DE UN BOSQUE

UN LIBRO DE EL SEMILLERO DE CRABTREE

Alan Walker
y Pablo de la Vega

Crabtree Publishing
crabtreebooks.com

Un bosque es un **hábitat**.

Ahí, los animales encuentran comida y **refugio**.

Los saltamontes mastican césped y plantas.

Los saltamontes son **herbívoros**.

Los ratones mordisquean semillas e insectos.

Los ratones
son **omnívoros**.

Las serpientes reptan por el bosque. Cazan insectos y ratones.

Las serpientes son **carnívoras**.

Cae la noche.
Los búhos atrapan
a sus **presas**.

Esta es la cadena alimenticia de un bosque.

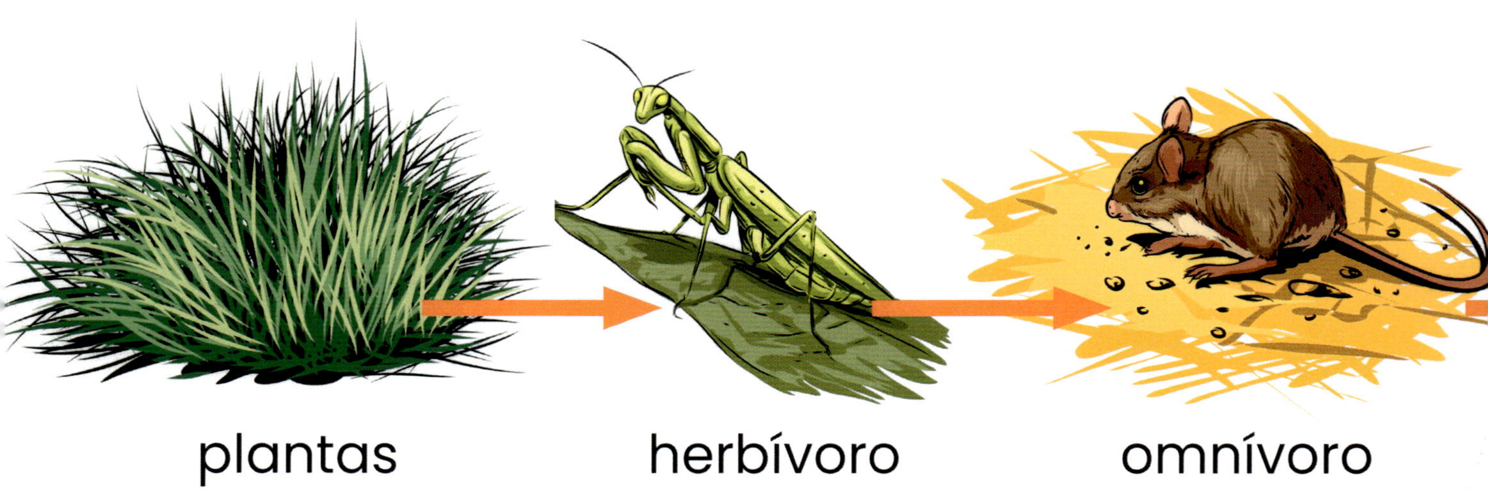

Hay más de una cadena alimenticia en un bosque.

Lee acerca de otros animales del bosque. Dibuja una cadena alimenticia diferente.

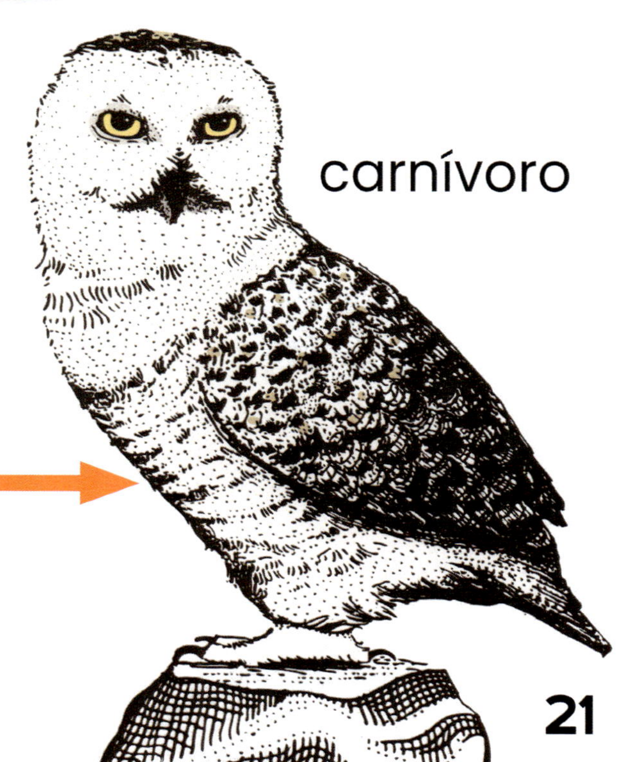

Glosario

carnívoros: los animales carnívoros son aquellos que comen otros animales.

hábitat: un hábitat es un lugar donde un animal vive de manera natural.

herbívoros: los herbívoros son animales que sólo comen plantas.

omnívoros: los animales omnívoros comen tanto plantas como otros animales.

presa: las presas son animales que son comidos por otros animales.

refugio: un refugio es un lugar donde un animal puede vivir y protegerse del mal tiempo o el peligro.

Índice analítico

Apoyos de la escuela a los hogares para cuidadores y maestros

Los libros de El Semillero de Crabtree ayudan a los niños a crecer al permitirles practicar la lectura. Las siguientes son algunas preguntas de guía que ayudan a los lectores a construir sus habilidades de comprensión. Algunas posibles respuestas están incluidas.

Antes de leer:

- **¿De qué piensas que tratará este libro?** Pienso que este libro tratará sobre la cadena alimenticia de un bosque. Quizá nos enseñará acerca de la comida que comen los animales.
- **¿Qué quiero aprender sobre este tema?** Quiero aprender acerca de los animales que forman parte de la cadena alimenticia de un bosque. ¿Qué animales son los que aparecen en la tapa?

Durante la lectura:

- **Me pregunto por qué...** Me pregunto por qué los saltamontes tienen antenas tan largas.
- **¿Qué he aprendido hasta ahora?** Aprendí que los saltamontes, los ratones, las serpientes y los búhos forman parte de la cadena alimenticia de un bosque.

Después de leer:

- **¿Qué detalles aprendí de este tema?** Aprendí que los búhos atrapan a sus presas de noche.
- **Lee el libro de nuevo y busca las palabras del vocabulario.** Veo la palabra ***refugio*** en la página 5 y la palabra ***carnívoras*** en la página 17. Las demás palabras del vocabulario están en las páginas 22 y 23.

Crabtree Publishing

crabtreebooks.com 800-387-7650

Print book version produced jointly with Blue Door Education in 2022

Hardcover	978-1-4271-3210-9
Paperback	978-1-4271-3221-5
Ebook (pdf)	978-1-4271-4241-2
Epub	978-1-4271-4680-9
Read-along	978-1-4271-3581-0
Audio book	978-1-4271-4679-3

Printed in Canada/102023/CPC20231003

Library and Archives Canada Cataloguing in Publication
Title: La cadena alimenticia de un bosque / Alan Walker y Pablo de la Vega.
Other titles: Food chain in a forest. Spanish
Names: Walker, Alan, 1963- author. | Vega, Pablo de la, translator.
Description: Series statement: Mis primeros libros de ciencia | Translation of: Food chain in a forest. | Translated by Pablo de la Vega. | "Un libro de el semillero de Crabtree". | Includes index. | Text in Spanish.
Identifiers: Canadiana (print) 20210101709 | Canadiana (ebook) 20210101717 | ISBN 9781427132109 (hardcover) | ISBN 9781427132215 (softcover) | ISBN 9781427135810 (read-along ebook)
Subjects: LCSH: Forest ecology—Juvenile literature. | LCSH: Food chains (Ecology)—Juvenile literature.
Classification: LCC QH541.5.F6 W3518 2021 | DDC j577.3/16—dc23

Published in Canada
Crabtree Publishing
616 Welland Avenue
St. Catharines, Ontario
L2M 5V6

Published in the United States
Crabtree Publishing
347 Fifth Avenue
Suite 1402-145
New York, NY 10016

Author: Alan Walker
Translation and adaptation into Spanish: Pablo de la Vega
Edition in Spanish: Base Tres

Photo credits: www.shutterstock.com/Cover, Page 2-3 and 22 © Lapina Anna; page 4-5 and 23 Oleg Mayorov; cover, page 6-7 ans 22 © Gifu88; Page 8-9 © iava777; cover and page 14-15 © Bruce MacQueen; page 16-17 © Jason Patrick Ross; cover, page 18-19 and 22 © Michael Courtney; page 20-21 © NoPainNoGain, owl in food chain © Artur Balytskyi; page 23 burrow © Anitham Raju Yaragorla; All images from Shutterstock.com except: Cover, Page 10-11 and 23 © Hans Hillewaert (image flopped) https://creativecommons.org/licenses/by-sa/3.0/deed.en; Page 12-13 © Boschfoto https://creativecommons.org/licenses/by-sa/4.0/deed.en

Library of Congress Cataloging-in-Publication Data
Names: Walker, Alan, 1963- author.
Title: La cadena alimenticia de un bosque / Alan Walker y Pablo de la Vega.
Other titles: Food chain in a forest. Spanish
Description: New York : Crabtree Publishing, 2021. | Series: Mis primeros libros de ciencia - un libro de el semillero de Crabtree | Includes index. | Audience: Ages 5-7 | Audience: Grades K-1 | Summary: "An ecosystem is a community of living and non-living things connected to one another where they live. Young readers are introduced to some of the plants and animals in a forest ecosystem. Children are encouraged to learn more about food chains in a forest and to draw a food chain of their own"-- Provided by publisher.
Identifiers: LCCN 2020057990 (print) | LCCN 2020057991 (ebook) | ISBN 9781427132109 (hardcover) | ISBN 9781427132215 (paperback) | ISBN 9781427135810 (epub)
Subjects: LCSH: Forest ecology--Juvenile literature. | Food chains (Ecology)--Juvenile literature.
Classification: LCC QH541.5.F6 W33518 2021 (print) | LCC QH541.5.F6 (ebook) | DDC 577.3--dc23
LC record available at https://lccn.loc.gov/2020057990
LC ebook record available at https://lccn.loc.gov/2020057991